方物
05

U0783989

地衣，永恒的大地艺术

蔡潇　崔琳 ＊ 著

湖南科学技术出版社
·长沙·

目录

地衣辞典
Lichen
Glossary

菌丝
Hypha

大多数真菌的结构单位。孢子生出嫩芽形成芽管，芽管逐渐延长，呈丝状，可以不断延伸和分枝，成为菌丝。

地衣型真菌
Lichenized Fungi

真菌是真菌界下属的各种生物类群的统称，种类丰富，分布广泛，包含霉菌、酵母、蕈菌以及其他菌菇类。本文中出现的"地衣型真菌"指的是与相应的绿藻或蓝细菌（蓝藻）共生形成地衣的真菌，大部分属于子囊菌门，小部分为担子菌门。地衣一元性理论将地衣看作一种特殊的、能够与藻共生的真菌，这种情境下，"地衣型真菌"也可代指整个地衣体。

光合生物
Photobionts

地衣中的光合作用伙伴称为光合生物。大多数地衣的光合生物是绿藻或蓝细菌，有些地衣两种类型都存在。绿藻和蓝细菌进行光合作用，合成碳水化合物，为真菌提供养分。此外，蓝细菌还有固氮的作用，它可以将大气中的氮以铵的形式传递给真菌。虽然许多藻类原本就可以独立生活，但通过共生，它们进一步扩大了生态范围。

共生
Symbiosis

真菌提供水分和矿物质，用菌丝构成地衣的外部保护结构，可以防止水分过度蒸发，还可以利用菌丝帮助地衣固定在岩石或树皮等基质上。绿藻或者蓝细菌进行光合作用，合成碳水化合物，为真菌提供养分。它们互利共生，组成了地衣这一复杂的生命形态。

地衣
Lichen

地衣并非单一生物，它既不是植物，也不是苔藓，而是真菌与绿藻或者蓝细菌的共生体，是自然界中共生关系的典型代表，像一个小型的生态群落。

地衣酸
Lichen Acid

地衣分泌的地衣酸类物质。在地衣诱导岩石矿物风化的过程中，地衣酸起到主导作用。地衣酸能够与岩石矿物中的盐基离子形成可溶性螯合物，从而引起岩石矿物的强烈溶蚀。此外，一些地衣酸还具有抗菌作用，被应用于医疗领域。

叶状地衣
Foliose Lichen

整体呈叶片状，有明显的背腹之分。地衣体内部通常由皮层、藻层和髓层构成。上下皮层是由菌丝密集生长编织形成的菌丝组织，上皮层的下方则是光合生物层，再下方遍布着松散的菌丝，称为髓层，部分叶状地衣通过髓层或下皮层延伸出菌丝，形成假根状结构，以利于附着在基质上。这种层次分明的地衣体被称为异层型地衣体。有些地衣体在上下皮层之间并无明显分层现象，则被称为同层型地衣体。

壳状地衣
Crustose Lichen

如一层薄薄的外壳，紧密黏附在基质上，很难被完整剥离。比如地图衣（*Rhizocarpon*）和文字衣（*Graphis*）。

枝状地衣
Fruticose Lichen

无明显背腹之分，分枝时可呈现珊瑚状或灌木状，比如俗称"驯鹿地衣"的鹿石蕊（Cladonia rangiferina）和树花（Ramalina）等。或者呈纤维状，细如垂丝，悬挂在树梢，比如长丝萝（Dolichousnea longissima）。枝状地衣的"枝条"一般呈圆柱状，也有一些略扁平。观察其"枝条"的横切面，能够发现从外至内依次是致密的外皮层、薄薄的光合生物层，中心则有实芯状也有空芯状。

7- 羟基吩噁嗪酮
7-hydroxyphenoxazone

这是石蕊中的一种化学物质，化学式为 $C_{12}H_7NO_3$，是石蕊试纸能够检测酸碱的关键物质之一。酸碱溶液改变了石蕊试纸中 $C_{12}H_7NO_3$ 的结构，使其吸收、反射的光的波长产生不同的变化，呈现出不同的颜色。

生物指示器
Biological Indicator

对某一环境特征具有指示功能的生物。自然界中有的生物对环境变化敏感，其特性、数量、分布密度、种类等特征会根据环境质量的变化而变化。比如地衣就可以指示二氧化硫的污染状况。利用生物指示器开展生物监测，能在一定程度上反映出环境污染的综合生物学效应，是环境监测的重要手段之一。

生物结皮
Biological Soil Crusts

被喻为"土壤的皮肤"，是土壤表面的小型生物与土壤颗粒黏结形成的地表覆盖物，比如藻结皮、地衣结皮等。它可以保护下层土壤，具有防风固沙、水土保持、增加土壤肥力等生态功能。生物结皮非常脆弱，应尽量避免踩踏、倾轧等人为破坏。

氨水
Ammonia Solution

指氨气的水溶液，主要成分为 $NH_3 \cdot H_2O$，无色透明且有刺激性气味。在地衣染色法中，将地衣浸泡在氨水中，将产色成分萃取分解，比如红粉苔酸（Lecanoric Acid）和扁枝衣二酸（Evernic Acid）等，并且通过搅拌或摇晃引入空气使其氧化，便能够得到紫红色系的地衣染液。

子囊盘
Apothecia

大部分的地衣型真菌属于子囊菌，它们的孢子位于子实体内的子囊中。子囊盘是生长于地衣体上的圆盘状结构。

苯胺染料
Aniline Dyes

最早的合成染料就是苯胺紫，于 1856 年由当时才 18 岁的英国化学家威廉·亨利·帕金（William Henry Perkin）在合成抗疟疾药物奎宁的过程中意外发现。苯胺紫的诞生标志着合成染料工业的开端。苯胺染料的早期原料是煤焦油，它也因此被称为煤焦油染料。

导言
Introduction

从炎热的沙漠到寒冷的北极冻原，从偏远的深山到城市的公园，久经风雨的雕塑上，斑驳生锈的铁门上，甚至是动物的遗骸表面，地衣的身影遍布在世界的各个角落。它们静谧地生长，以斑点或团簇的姿态点缀着大地，看似平凡却又充满神秘。那么，地衣究竟是什么？人们对它的认知其实一直在变化。

公元前 4 世纪，古希腊植物学家泰奥弗拉斯托斯（Theophrastus）创造了"地衣"（lichen）一词，这个词源自希腊语"leprous"，用来描述橄榄树树皮表面的生长物，其所著的《植物史》（Historia Plantarum）一书中提到，地衣是从树皮中生长出来的。这之后长达十几个世纪，有人认为地衣不过是大地岩石或者树木的排泄物，也有人认为它们不过是植物分解的产物，或者是植物汁液形成的某种物质，只是有些纤维组织的雏形罢了。

1694 年之前的地衣，就像个流浪者，没有归属，被杂乱无章地归入藻类、真菌或者苔藓之类里。法国植物学家约瑟夫·皮顿·德·图尔内福特（Joseph Pitton de Tournefort）却眼光独到，他不仅看见了地衣的独特性，还深入研究了它的生物特性和生态地位，首次将地衣划分为一个独特的植物类别。

1753 年，现代生物分类学之父卡尔·林奈（Carl Linnaeus）则更进一步，将形态各异的地衣归为一个属——地衣属，并描述了 100 多个不同的物种。他认为博物学家的任务就是构建一种"自然分类法"，以揭示宇宙中的秩序。为了发掘大自然更多的秘密，他曾步行、骑马、乘船穿越瑞典、挪威和芬兰等地，历尽艰险。作为博物学家的林奈给予地衣的关注尽管有限，但也无疑推动了地衣学迈出关键的一步，犹如在广袤的草原上种下了一颗种子，为后来的研究者提供了一片繁茂的森林。

埃里克·阿卡里乌斯（Erik Acharius），17 岁时成为林奈的关门弟子，这位年轻的学者深入山林，细心观察，制订了第一个详细的地衣分类系统，他一生中将 3 300 多种地衣进行了分类，被誉为地衣学之父。他的努力让人们更加了解了地衣的多样性，并且打开了一扇通往奇幻世界的大门。

但是，通往地衣世界深处的道路并不平坦。因为人类的认知范围往往不会超出其对这个世界的想象，好比对于一个不相信独角兽的人来说，即使真正的独角兽出现在他的面前，那也只不过是一匹普通的白马。科学引导人类文明的进步，但经验主义却也可能禁锢前进的脚步，没有任何一种生物比地衣更能体现这一道理。如果想真正开始研究地衣，那就首先要走出"常识"的舒适区。

1867 年，一位叫作西蒙·施文德纳（Simon Schwendener）的瑞士植物学家透过显微镜的窗口，窥探到了地衣微观世界更深处的秘密。他提出了一个颠覆性的观点：地衣并非单一生物，而是真菌与藻类的结合。真菌将藻类当作奴隶，将其聚集在自己周围，并强迫它们为自己服务。这个观点像一颗石子投入平静的湖面，激起层层涟漪。

地衣学家震惊、质疑，甚至嘲讽。要

知道，此时距离达尔文发表《物种起源》才过去了不到10年，生物学界刚刚受到"物竞天择，适者生存"的理论冲击，又横插来一个"共生"的概念，两种不同的生物体如此紧密地生活在一起的这种模式，在当时是闻所未闻的。然而，显微镜下的证据无可辩驳，人们不得不重新审视地衣的真实面目。

地衣总是不断地给人们带来新的惊喜和震撼。尽管它们外表低调不起眼，常常被遗忘在生物界的角落，却总能在人们自以为已经了解透彻之时，出其不意地展现出更多的独特之处，一次又一次地冲击着人们的固有认知。

2011年，美国地衣学家托比·斯普利比尔（Toby Spribille）又在地衣学界投下了一颗重磅炸弹。他发现两种形态相似的地衣中，偏黄色的一种会导致误食它的昆虫快速死亡，而另一种偏深棕色的则不会对昆虫造成伤害。经过DNA测序分析，他惊讶地发现它们竟属于同一种地衣。那为何差别如此之大呢？

经过不断探究，他终于发现了黄色地衣中第三种共生伙伴——担子菌的存在。正是这个会"隐身"的小家伙导致了这种黄色地衣的毒性。后续研究发现，全球主要的地衣属中都包含了属于担子菌门的第二种真菌。这一发现揭示了一个惊人的事实：三物种共生的地衣是普遍存在的。自此，或许人类对地衣的认识有了新的视角。

短短几百年的时间里，地衣从被视为杂草、苔藓之类，到拥有了自己独立的分类地位，再到让生物界的"共生"一词因它而创造。地衣，也许还有更多的奇妙之处，只等待有人来发现。

正如美国当代女诗人简·赫斯菲尔德（Jane Hirshfield）为地衣所作的一首叫作《给地衣们》（*For the Lobaria, Usnea, Witches Hair, Map Lichen, Beard Lichen, Ground Lichen, Shield Lichen*）的诗中对地衣的描绘那样：

像那些无名英雄一样，她们不停地绘画、塑造、雕刻，无声无息、无人在意、被人遗忘……一个细胞接一个细胞，一个字接一个字，创造出一个她们能够生存的世界。

无论是否受到赞誉或关注，地衣始终坚守自己的本性，低头做自己该做的事。它们不断地创造和改造着世界，因为这是它们的本能。只有当我们停驻目光，仔细观察它们的身影时，才会发现它们原来是如此的精妙绝伦。

始于荒原的约定
A Promise Begun
in the Wilderness

第一章
Chapter 1

地衣是两类生物的共生复合体，其一是地衣型真菌，其二是绿藻或蓝细菌等光合生物。85%~90% 的地衣是真菌与绿藻的共生体。

无论真菌、绿藻，还是蓝细菌，最早都起源于海洋。当时荒芜的陆地无尽空旷，可能是海里的竞争太大，也可能是被探索新领地的野心驱使，真菌与光合生物们纷纷冲上陆地。它们在命运的安排下相遇，说不清是谁先释放了心动的信号，谁先迈出了第一步，它们最终结为灵魂伴侣，在贫瘠的岩石上安家定居，一同寻找生机。

它们默契地分工合作，宛如天造地设的一对。真菌主外，用纤细繁密的菌丝构建出一个理想的温床，形成"家"的保护结构。对于绿藻或蓝细菌等光合生物来说，陆地上充足明媚的阳光对它们极具诱惑，但只靠自身力量，它们很难在当时条件还十分恶劣的陆地上生存下来。真菌用菌丝将共生伙伴牢牢地包裹，紧紧扒在基质表面，并形成外围保护结构，防止来之不易的水分太快蒸发。这种严密的保护对绿藻或蓝细菌等光合生物来讲是充满安全感的存在。

绿藻或蓝细菌则承担了贤内助的角色，利用光合作用，提供让这个"家"维持运转的养分。真菌和我们人类一样，属于异养生物，无法基于无生命的化学物质（如水和二氧化碳）来合成营养物质，为了生存只能从其他生物体获得所需的营养。绿藻或蓝细菌能够利用太阳的能量合成糖分和其他营养分了，为真菌源源不断地提供美食佳肴。它们相濡

以沫，发挥各自的优势，弥补对方的不足，携手蓬勃生长。

在大自然中，真菌和伴侣藻类或蓝细菌都可独自存活，但只能在有限的范围内生长。然而通过默契分工合作，地衣制造出一个征服全球的联盟。它们分泌的地衣酸使得岩石变为土壤，为后续植物扎根陆地创造了条件，被誉为地球上的拓荒先锋，可谓"夫妻同心，其利断金"。美国诗人迪克·韦斯特海默（Dick Westheimer）在《就像地衣一样，我是由爱创造的》（*Like Lichen I Am Made by Love*）这首诗中，就用地衣中真菌与藻类的"爱情"比喻自己和妻子的爱情，他说：

> 我的爱就像棕褐色的真菌，被藻类喂食甜糖，被真菌润湿，被阳光染绿，一个细胞接一个细胞，一起扎根于岩石。我也是由我们组成的……直到像地衣一样，我们不再是一个，而是两个，尽管我们如石头和水、海和岸那般不同，但是手却紧紧握在了一起。

在这片广袤的土地上，地衣以其独特的形态，默默诉说着生命中的相依相守，尽管真菌和绿藻、蓝细菌是完全不同的生物，但在地衣中，它们的共生关系是自然界中的永恒誓言。

真菌的菌丝也不是只提供保护外壳这么简单，它们其实是极富创意的建筑设计师，通过产生不同的菌丝体和子实体来塑造地衣的形态，其产生的色素和次级代谢产物也影响着地衣的颜色和质地。最终，

这群天才设计师好像参加建筑大赛似的，创造出一个姿态万千的地衣世界。根据形态，地衣大致可以分为壳状、叶状和枝状三种。

壳状地衣可能比较保守，房子紧紧依附于土壤、树皮或者岩石表面而建，外面构建了一层硬质的保护壳，像一个坚固的堡垒。

叶状地衣不知是否去植物界进修学习过，它们舒展的身姿如同叶片。地衣被误分在植物界数百年，很有可能是因为学者被它的外表迷惑了。

枝状地衣可能有个长成大树的梦想，它以菌丝体为根基，向四周蔓延开来，在藻类细胞间穿梭，构建出了一个错综复杂的室内结构，这也使得枝状地衣体能够有

枝状地衣：红头石蕊（*Cladonia Floerkeana*）

壳状地衣：赤星衣（*Haematomma*）

状地衣：槽梅衣（*Parmelia sulcata*）

叶状地衣的横截面

效地调节水分、储存养分，具有强大的生命力，能够适应各种环境的挑战，比如在南极苔原的冰雪之下，成簇的枝状地衣仍在那里安家落户。

我们观察地衣之家的"设计图"，可以看到清晰的功能区分层。以叶状地衣为例子，它的外表面由紧密压缩的菌丝组成，形成上皮层和下皮层。上下皮层之间的大部分区域被松散的交织菌丝缠结占据，被称为髓层。夹在髓层和上皮层之间的便是薄薄的但至关重要的藻层，阳光和水分可以渗透到这里，藻类细胞就在这里努力地工作产能。这让人不由得赞叹生命的奇妙与智慧。

地衣的形态各异，它们的颜色同样千变万化，从深沉的墨绿到明亮的橙黄，从

金黄色的石黄衣

石黄衣（*Xanthoria parietina*）

黄绿色的金絮衣（*Chrysothrix chlorina*）

淡粉色的淡红羊角衣（*Baeomyces rufus*）

高原上橙红色的丽石黄衣（*Xanthoria elegans*）

热烈的绯红到清新的素白，每一片地衣都仿佛是大自然的独特笔触，为大地增添了一抹生动的色彩。

在阴暗或干燥的环境中，有些地衣可能会显得较为暗淡，如同扩散的霉菌一般，灰扑扑的，趴伏在光秃的岩石上、无人在意的老墙根儿下，让很多人以为这就是地衣的样子。

但当阳光雨露落在上面，地衣则变得鲜活起来，颜色随之变得十分鲜艳。高原地区的地衣们，更是把色素当作防晒霜，用鲜艳的外衣抵御紫外线辐射的伤害。

已知的地衣种类大约有 28 000 种，从冻土苔原到荒漠戈壁，它们随处可见，几乎可以在任何表面生长。也许你曾经和它擦肩而过，但只把它当作老树皮上的霉斑、墙角的脏污。但其实地衣的世界远比我们认知中的要精彩，只不过地衣不争不抢，十分低调，表面的朴素宁静遮盖了其内在的丰富伟大，需要我们主动去了解发掘其中的深邃与奥妙。

多姿多彩的地衣世界

画笔下的自然之美
The Beauty of Nature in Brushstrokes

第二章

埃里克·阿卡里乌斯画像，约翰·古斯塔夫·鲁克曼，1814

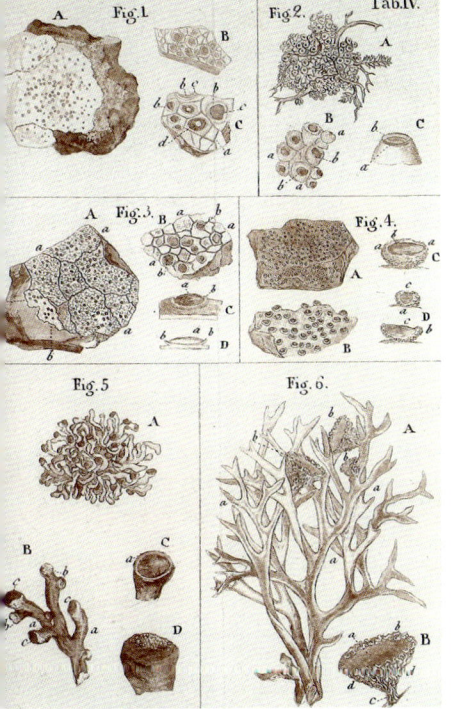

《检测所有地衣的方法》插画，1803

地衣独特的形态、斑斓的色彩，以及顽强的生命力，都为艺术创作提供了无尽的灵感。许多艺术家甚至学者将地衣作为创作的素材和主题，通过各式各样的艺术形式，将地衣的美妙之处展现在观众面前。这一切的开端便是地衣绘画。

学者笔下的地衣

地衣与艺术的交集始于 18 世纪，这个时期没有摄影技术，记录地衣样貌的最佳选择便是博物画。一些热衷于植物学和自然科学的学者开始进行地衣博物画创作，并通过详细的描绘和分类，为地衣的研究和认知做出了重要贡献。

前文中提到的地衣学之父埃里克·阿卡里乌斯，1757 年出生于瑞典，17 岁师从林奈，是瑞典植物学家中的年轻一代，大半生致力于地衣的收集与记录。他在地衣研究生涯里，收集了超过 5 500 个地衣标本，撰写了多部奠定地衣学基石的著作，其著作中的地衣博物画也为后世留下了难能可贵的地衣视觉记录。

地衣博物画常常以精妙的细节和准确的比例绘制，力求呈现出真实而精确的地衣形态。艺术家使用水彩、铅笔、墨水和其他绘画媒介，通过观察和实地采集地衣标本，将其转化为精美的艺术作品。

要论最知名、最精美的地衣博物画作品，必然是出自恩斯特·海克尔（Ernst Haeckel）之手的地衣石版画。

生于 1834 年的海克尔是德国著名的生物学家、艺术家和哲学家，被誉为 19 世纪最重要的自然科学家之一。他以精湛的插图和绘画作品而闻名，完美地将科学与艺术进行融合。

海克尔于 1904 年出版了一本名为《自然界的艺术形态》（Art Forms in Nature）的著作，其中包含了一幅著名的描绘各种地衣形态和结构的石版画作品。

这幅作品以其细腻的细节和独特的美感而备受赞赏。海克尔精确再现了地衣的外观和纹理，展示出各种地衣的形态多样性，包括叶状、壳状和枝状地衣等。他以精妙的绘画技巧和准确的科学性捕捉到了地衣的微妙之美，呈现出令人惊叹的艺术作品，对自然科学和艺术领域均产生了重要影响，不仅为科学家提供了地衣的详细描述和分类，也为艺术家提供了灵感和创作素材。

恩斯特·海克尔肖像照

* 从记录到创作 *

随着地衣慢慢走入更多人的视野，它也悄然从学者研究记录的对象转变为艺术家画笔下创作的主角。

19 世纪，英国著名作家、评论家、艺术家和社会思想家约翰·拉斯金（John Ruskin）便察觉到了地衣潜在的艺术价值。

拉斯金对艺术的贡献主要体现在他对绘画的评论和推崇上。他详细地提出了对艺术品的审美评价标准，并强调艺术的真实性和表达力。他认为艺术应该反映自然的真实之美，这对当时的艺术界产生了深远影响。

地衣，便是拉斯金眼中自然之美的重要元素之一。他将地衣视为大自然的细微奇迹，并赋予其深刻的象征意义和美学价值，将其描述为自然界中最古老、最坚韧和最谦虚的存在之一。他赞美地衣的生命

《地衣在自然艺术中的表现形式》插画，1904

约翰·拉斯金画像，约翰·艾佛雷特·米莱，1853—1854

前景材料研究》中绘制的地衣

《一块砖的研究，以显示烧焦黏土中的裂缝》中绘制的地衣

力和耐久性，将其比作草原和山脉上的永恒标志。

　　拉斯金并未对地衣进行深入的科学研究，而是从美学的角度出发，细致入微地描绘地衣的形态、纹理和颜色，探索了地衣作为自然界的奇特生命形式所传达的美感和意义。拉斯金对地衣的热爱，无疑引发了后世诸多艺术家对地衣这一神奇生物的兴趣。

受拉斯金赞誉的地衣风景画《卡西隆悬崖》，约翰·布雷特，1878

《卡纳克的地衣：史前立石》，露西·马丁

随着科技的进步与观测手段的革新，地衣神秘的身世逐渐被揭示。越来越多热爱自然的现代画家被地衣独树一帜的美学价值所吸引，以多元的视角来展现地衣的美丽和复杂性。

现代绘画以其绘制手段的多样性和创新性而闻名，而这也充分体现在地衣绘画作品中。

一方面，我们依然可以欣赏到写实的博物画，这些作品通过精细的细节和准确的描绘，呈现了地衣的真实之美。艺术家以仔细观察和细致的绘画技巧，将地衣的纹理、颜色和形态展现得淋漓尽致。

以澳大利亚植物艺术家苏珊娜·布莱克西尔（Susannah Baxill）为代表的职业植物画师以触感和线条为灵感，开始描绘作品的主要形态。通过注重细节并对每一个形状进行细致的填充，她的绘画作品让人们产生亲近欲望，想要仔细观察，就像你在观察生长于岩石或树木上的地衣时那样。

为了使绘画作品栩栩如生，她还会以准确而鲜艳的色彩来填充插图。每一幅作品都是在近距离观察时展现出来的细节之景，仿佛一幅真实的景观。

在写实派地衣画家中，还有许多如着迷于真菌王国的美国植物艺术家露西·马丁（Lucy Martin）以及美国插画家海莉·戈尔茨（Haley Golz）般的民间自然爱好者。他们的作品同百年前的博物画一样使用水粉及水彩进行创作，他们还在作品的呈现方式上进行创新以展现自己对地衣的独到之爱。这些写实的作品不仅向我

《地衣景观 #9》，海莉·戈尔茨

23

们展示了地衣的复杂性和多样性，同时也向我们展示了艺术家对自然界的敬畏和热爱。

另一方面，现代画家也以地衣为灵感和主题，呈现出了极具创新性的现代主义抽象作品。

代表性的艺术家有迪安娜·奇利安（Deanna Chilian）与瓦莱丽·霍夫曼（Valerie Hoffmann），她们通过大胆的色彩运用、形状的简化和符号化，以及抽象的表现手法，创造出充满艺术性和想象力的地衣画作。

迪安娜·奇利安出生于美国西部，自幼热爱艺术，但是她追寻艺术的道路却十分坎坷。20多岁时因感染病毒，视觉神经受损，后来作为律师时的忙碌工作又消耗了她的时间精力，使其创作实践一度中断。但是她从未真正放弃，辞职后参加各种艺术课程与工作坊，她的艺术探索了视觉潜意识，让人们去寻找存在于每个人内心的真理。她的地衣绘画作品包含了梦幻的元素，使用模糊、扭曲或夸张的形象来表现情感和意象，并利用奇幻的场景、奇怪的形态或不寻常的图案，邀请人们进入地衣的奇妙世界。

瓦莱丽·霍夫曼曾从事建筑和室内设计的工作，后来师从著名的抽象表现主义艺术家拉里·彭斯（Larry Poons），从而进入美术的世界。她的地衣作品可以被描述为抽象表现主义和实验艺术的融合。她经常运用艳丽丰富的颜料和自由奔放的笔触，创造出类似于街头涂鸦式的抽象的、流动的形状和线条，使观者能够在其作品中感受到活力动感的强烈冲击。

《地衣》，苏珊娜·布莱克西尔

《地衣假日》，迪安娜·奇利安

这些作品以独特的视角和抽象的形式，表达了艺术家对地衣的感受和思考。它们不仅仅是对地衣外貌的再现，更是对地衣内在力量和精神的诠释。

现代地衣绘画在写实与抽象之间展开了一场跨时空的对话。写实的博物画向我们展示了地衣的真实面貌，让我们能够近距离观察和欣赏它们的美丽；而创新性的现代主义抽象作品则通过抽象的形式和符号的运用，激发了我们的想象力和思考，引导我们超越物质形态去感知地衣的本质和与之相关的更深层次的意义。

地衣绘画作品以独特的魅力和艺术价值成为艺术家探索自然之美的重要表达方式。通过细致入微地描绘地衣的形态、纹理和颜色，艺术家赋予这些微小生命以新的意义和想象。地衣作为自然界的奇妙存在，不仅展现了生命的坚韧和适应力，也引发了我们对自然的敬畏和思考。

在这个充满技术和现代化的世界中，地衣绘画作品带给我们一种回归自然的触动和体验。它们提醒着我们与大自然的联系和依赖，唤起我们内心深处对自然之美的追求和向往。通过地衣绘画作品，我们可以感受到艺术的力量和地衣这个微小生命所承载的无限可能性。

地衣景观 #2》，瓦莱丽·霍夫曼

地衣，让普通人
拥有了紫色的使用权
Lichens, Granting People
the Right to Purple

第三章

Chapter 3

在人们正式了解地衣之前，在地衣还被叫作苔藓或者杂草的时代，它就已经在人类的染色史中扮演着重要角色了。

纵观历史，人们使用熟悉的、当地可用的材料作为天然染料对纺织品进行染色。大多数天然染料来自植物的根、果实、树皮、叶、花等部位，比如染蓝印花布的蓝草、染香云纱的薯莨等。在人类探索染料的可能性的过程中，地衣也被偶然发现。那些附着在岩石、树皮上毫不起眼的地衣们，同样可以染出靓丽的颜色。

* 重口味的染料配方 *

尿液，大多数人认为十分肮脏的人体排泄物，却曾经在工业中肩负着十分重要的作用。公元1世纪，罗马专门针对尿液征收匪夷所思的"小便税"。罗马人甚至会将尿用作漱口水，来美白牙齿和防止蛀牙。这虽然听起来令人咋舌，但理论上是确实有效的，这是因为尿液中含有的氨具有漂白除垢的作用。这也让尿液在染织工业中有了重要用途，比如漂白羊毛和鞣制皮革。据说，尿液在炼金术士的配方中也是一种神奇的材料，特别是年轻人的尿液，曾被用于制造黄金的仿制品。

尿液的另一个重要用途便是染料提取剂，尤其是放置了一段时间的陈尿。它能让颜色变得更鲜艳，并且使染料很牢固地附着于布料上。

在古代，紫色难以获得。人们偶然发现一种海螺的黏液一旦接触空气和阳光，便会呈现浓重的紫色，然而9 000多只这种海螺才能生产1克紫色染料。如此稀少、难得的紫色自然被皇室所垄断，成

1 紫

为皇权的象征。直到有一天，人们偶然发现地中海岩石上毫不起眼的苍灰色地衣，经过陈尿的发酵，竟也可以制作出紫色染料。

自此，物美价廉的紫色地衣染料逐渐流行起来，普通人拥有了紫色的使用权。

* 地衣染色的高光时刻 *

11—13世纪，十字军东征时期，来自佛罗伦萨的费德里戈（Federico）将地衣染色的配方从黎凡特的集市上带回了意大利。独特的紫色染料让费德里戈家族声名鹊起，费德里戈家族进而垄断了这种染料制造将近100年，地衣染料也自此流行开来，远销至西班牙、法国、德国和英国等国家。

到了14世纪，地衣染料一度在商业上占有重要地位。18世纪下半叶开始，更多学者开始关注地衣染料的发展，地衣在植物染色中的用途通过这一时期涌现的地衣染色相关主题书籍得到了进一步拓展。

于1787年出版的《地衣、医学和艺术回忆录》（*Memoires sur l'utilité des Lichens dans la Médecine et dans les arts*）一书中便多次提到林奈和他在地衣染色方面的知识。这本书的结尾处附有精美的彩色图版，展示了地衣染色的结果，其中以棕色、灰色、黄色和赤褐色为主。

林奈的另一位学生，医生兼博物学家约翰·彼得·韦斯特林（John Peter Westring）和他的老师一样，对地衣染色非常感兴趣。他在1805年出版的《瑞典地衣的染料历史》（*Svenska lafvarnas Färghisttoria*）一书中详细描述了24种地衣，包含

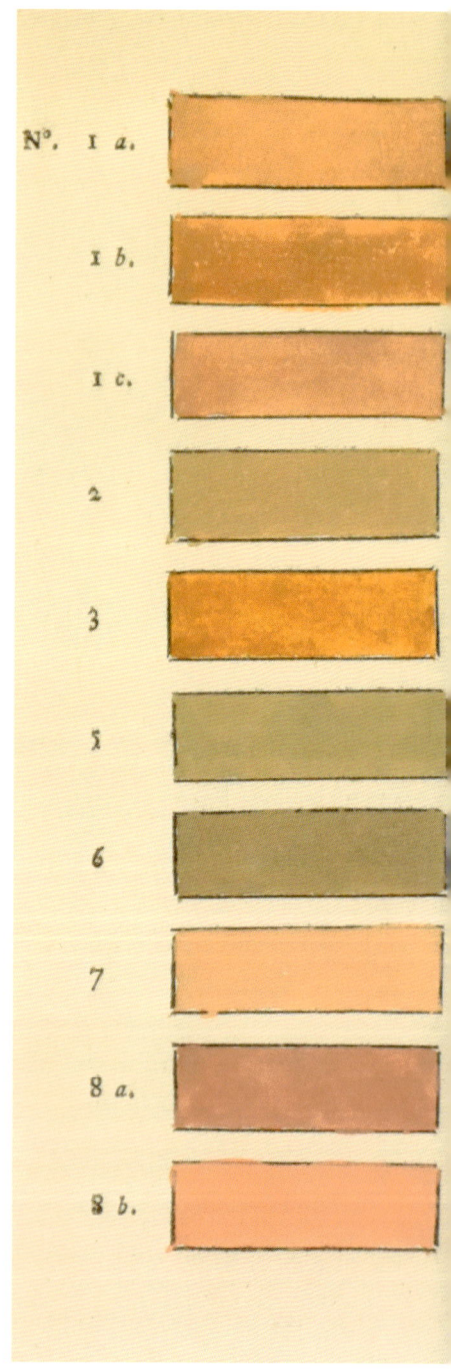

《地衣、医学和艺术回忆录》中展示的地衣染色结果

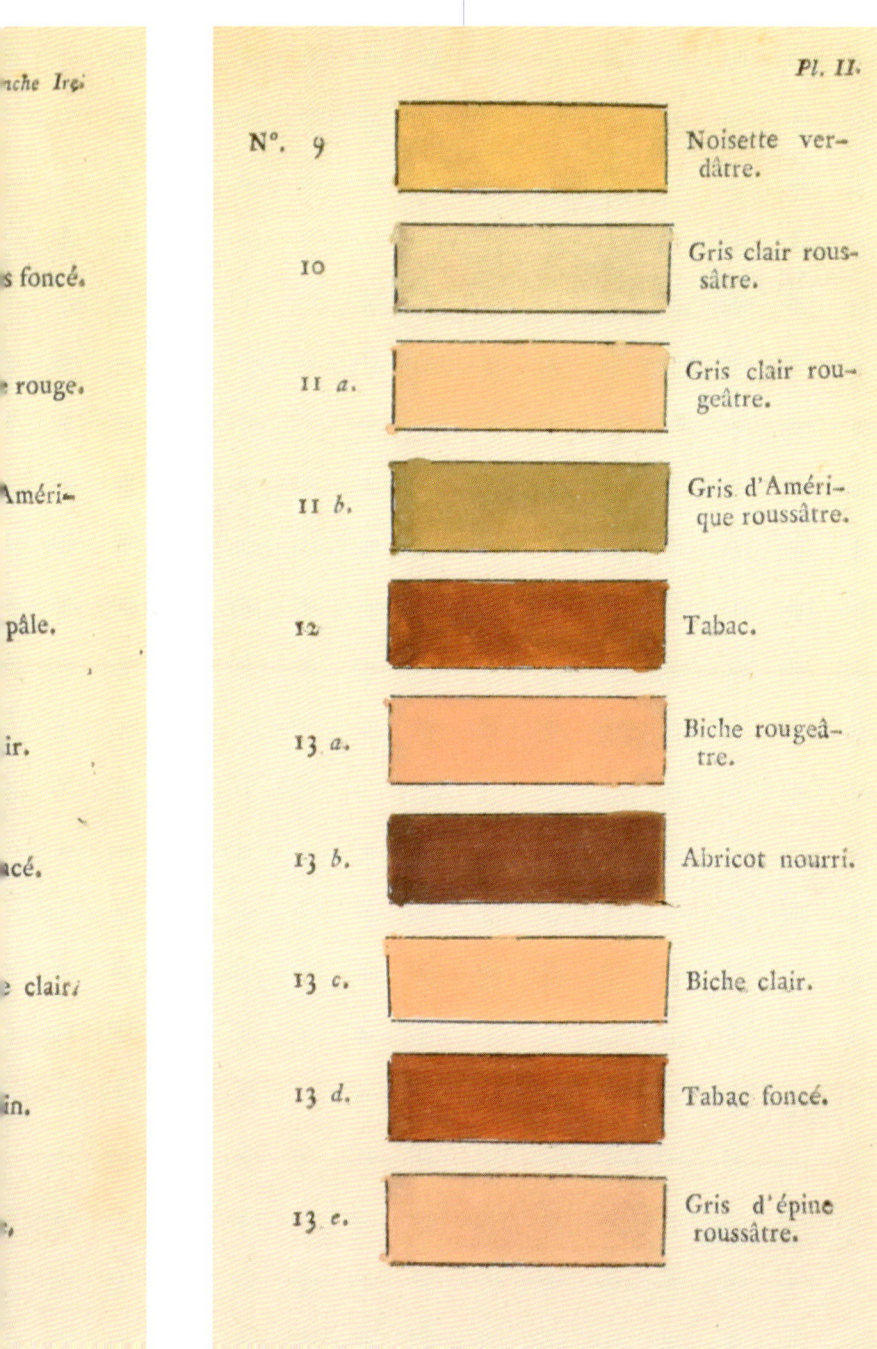

Pl. II.

N°. 9 — Noisette ver-dâtre.

10 — Gris clair rous-sâtre.

11 *a.* — Gris clair rou-geâtre.

11 *b.* — Gris d'Améri-que roussâtre.

12 — Tabac.

13 *a.* — Biche rougeâ-tre.

13 *b.* — Abricot nourri.

13 *c.* — Biche clair.

13 *d.* — Tabac foncé.

13 *e.* — Gris d'épine roussâtre.

《瑞典地衣的染料历史》插图

林赛收集的用于染色的地衣标本

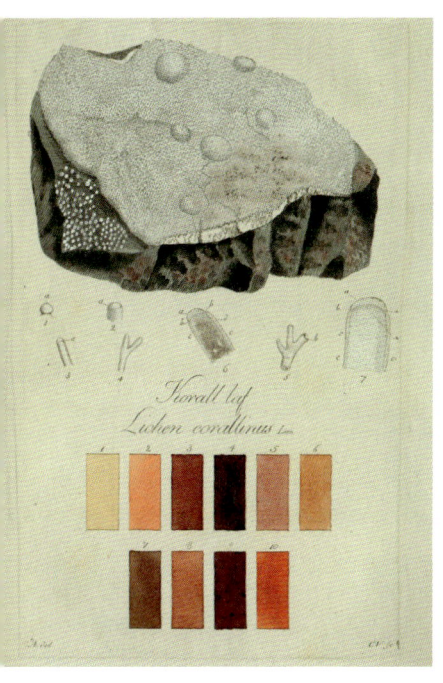

地衣的精美手绘插图以及它们可能产生的颜色，主要是黄棕色、黄绿色和浅红色。

著名的医生兼植物学家威廉·劳德·林赛（William Lauder Lindsay）是19世纪的"斜杠青年"，作为一名医生，他主要从事心理健康领域的工作，作为一名植物学家，他十分热衷于研究地衣。林赛在《地衣染色特性实验》（Experiments on the Dyeing Properties of Lichens）一书中详细记录了他所做过的五六百项地衣染色实验。如今，爱丁堡皇家植物园还收藏着林赛在新西兰和冰岛收集的用于染色的地衣标本。

18世纪大量关于地衣染色的专业书籍的涌现，是基于当时社会推行的一个理念：鼓励尽可能多地利用本土物种来染色。因为当时的染色商更喜欢使用靛蓝、菘蓝、茜草等进口染料来获得理想的颜色，这在一定程度上阻碍了本土染料植物的发展。

但事与愿违，这些专业书籍的读者群体十分有限。一个疲于奔命的普通染工很少会去主动阅读这样的一些书籍，加之专业染工的各种规章限制，比如染制的颜色与其对应所需的染料种类都是有规定的，使得学者们的推荐变成了一厢情愿，本土地衣染料依然难以取代成熟的进口天然染料。之后合成的苯胺染料更是逐渐挤占了天然染料的市场份额，使得地衣染料的处境愈加艰难。同时随着工业化的发展带来的环境变化，地衣的数量也在逐年消减。种种限制导致学者们最初的愿景并未实现，但是他们的研究成果却成为后世地衣学发展的宝贵资料。

* 地衣染色的今生 *

随着 19 世纪中叶合成染料的发明，天然染料似乎已被追求效率的现代人类所抛弃。但在苏格兰外赫布里底群岛（The Outer Hebrides of Scotland），地衣染料的生命仍在延续。

这里盛产一种叫作哈里斯花呢（Harris Tweed）的羊毛面料。传统哈里斯花呢的特点是使用从几种地衣中获取的天然染料，来染制深红色、紫棕色和锈色。这些地衣染料还产生了一种独特的气味，使哈里斯花呢面料很容易辨认真伪。据说，这种味道还可以驱虫。

在哈里斯花呢官网的档案库中，记录了一种叫作"卡洛威·克洛托"（Carloway Crotal）的橙色哈里斯花呢面料，它曾经就是由地衣染色制成的，这种地衣在苏格兰盖尔语中被称作"Crotal"，意为青灰色的地衣。尽管地衣本身的颜色是如此暗淡，作为染料时，却如同有魔法一般，使哈里斯花呢面料变成了几近荧光的鲜艳色彩。

如今，虽然大部分曾用于染色的地衣由于数量减少而受到保护，已经不能再用于染制哈里斯花呢面料，但是许多设计师仍然能够从中直接或间接地汲取色彩和图案灵感。

从皇室贵族到好莱坞偶像和时装设计师，都选用外赫布里底群岛熟练工匠制作的布料。这些布料登上过珠峰，也装点过大银幕和秀场的舞台。你注意过吗？常常逗得我们捧腹大笑的憨豆先生在剧中其实穿的就是哈里斯花呢面料的衣服。还有英国的查尔斯三世国王也是哈里斯花呢的拥

哈里斯花呢

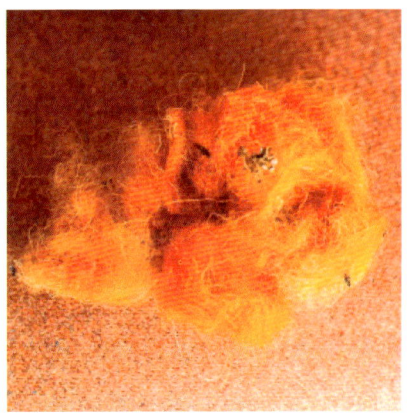

Crotal 染制的橙色哈里斯花呢面料

以满是锈迹与地衣的沉船色彩为灵感设计的布料

以爬满老房子屋顶的黄色地衣为灵感调制的颜色

趸者，这种面料的受欢迎程度可见一斑。

为了更好地保护与发展哈里斯花呢，于1993年正式出台的《哈里斯花呢保护法》规定，所有哈里斯花呢必须产自外赫布里底群岛，从捻纱、染色到纺织成面料都必须在岛民的家中完成。尽管为了满足产量需求，传统工艺不可避免地被弱化，但是传统的染织技法依旧留存在岛民的记忆中，他们永远会记得最初从土地上找寻到的色彩。

＊地衣染色法：耐心与嗅觉的挑战＊

以前染料制造商会挨家挨户回收购买尿液，以供应工厂的地衣染料制造。在一些英国偏远地区的都市传说中，曾经还有一些染色工人会专门在酒吧附近放置一个大桶来收集尿液。可想而知，当时的地衣染色一定是一项非常"辛苦"的工作。好在后来人们了解到氨水可以代替陈尿，不然紫色再高贵美丽，想必如今大多数人也无法接受它曾经"重口味"的制作过程吧。

经过长期的发展演变，现在地衣染色主要有两种方法：一种是用氨水代替陈尿的氨水法，用这种方法能制成艳丽的紫红色系染料，比如紫罗兰色、蓝紫色、红色、粉红色、红褐色等；另一种则是较为简单的煮沸法，用这种方法可以得到比较沉稳的茶色系，比如卡其色、棕色、咖色、褐色等。

地衣浸泡在氨水中，1个月后染液颜色的变化

使用氨水法染制的紫红色系纱线

* 氨水法 *

　　氨水法由以前的陈尿法演进而来，将地衣浸泡在氨水中，每日搅拌数次，约经过1个月的时间，便可以得到深紫色的染液。尽管这种方法花费时间较长，过程中还要忍受氨水刺激性的味道，但却能够一天天看着染液逐渐加深，最后染出独一无二的紫色纱线，在等待中，亲眼见证地衣的色彩魔法。

* 煮沸法 *

煮沸法相对氨水法便简单了许多，只需要一个陶瓷或者不锈钢材质的小锅，将地衣原叶体的小片加上少量的醋酸，浸在锅中慢慢加热至沸点，然后以文火煮沸3~4小时，便形成染液，但煮后必须放置24小时以上方能使用。

我国云南地区有一种俗称"青蛙皮"或者"树蝴蝶"的野菜，其实就是地衣的一种，叫肺衣（ *Lobaria pulmonaria* ）。它不仅是山野美味食材，还能通过煮沸法染出漂亮的棕色系线团。

那么如何判断采集到的地衣适用于哪种方法呢？地衣染色爱好者总结出一个实用的小窍门：将少量漂白剂滴在刮下来的地衣上，如果地衣内部白色的肉质部分变成红色或粉红色，那么应该就适用于氨水法，如果没有变色，则可以试试煮沸法。

当我们习惯了合成染料的效率，地衣染色无疑是一个考验耐心、需要时间的过程。但是这个过程中所能体会到的意趣却无法被取代。

或许某日你可以尝试一下，在旧巷的墙角下、老树的枝干上，或是经常路过但不曾注意的石头上，找一找隐藏于眼前的地衣，亲自试一下染色带来的惊喜与乐趣。

肺衣

用煮沸法染制的深浅不一的茶色系羊毛线

从杂草到创新吸音材料
From Weed to Innovative Sound Absorber

第四章

Chapter 4

左至右：桑德·奥登迪克、卡尔-奥斯卡·普雷斯菲尔特、乔里斯·奥登迪克

在瑞典隆德大学，有 3 名充满好奇心与冒险精神的学生，他们是卡尔-奥斯卡·普雷斯菲尔特（Carl-Oscar Pressfeldt）、乔里斯·奥登迪克（Joris Oudendijk）和桑德·奥登迪克（Sander Oudendijk）。一次徒步旅行时，他们意外发现，在雨后潮湿的森林里，放在帐篷里的几团海绵一样的驯鹿地衣竟能吸收周围的水分，保持帐篷内部的干燥。这个旅行中的小插曲让他们的人生轨迹开始与驯鹿地衣交织在一起。

驯鹿地衣，俗称"鹿蕊"，学名为鹿石蕊（Cladonia rangiferina），也因为曾经被误认为是某种苔藓，而被广泛称为"驯鹿苔"（reindeer moss）。其用途广泛，既可入药用于去除肾结石，也可以用于装饰门窗；既是驯鹿在冬季的主食，也是北欧地区的传统食材。可以说驯鹿地衣是地衣界当之无愧的"卷王"，但是它的应用潜力远不止于此。

回到学校后，3 人开始深入研究这种神奇的驯鹿地衣。进行了无数次的尝试和探索之后，他们逐渐发现了驯鹿地衣作为一种新型吸音材料在现代化生活空间中的巨大应用潜力。

2014 年，3 人带着自己的研究成果，联手创建了一家名为"北格林"（Nordgröna）的公司，售卖驯鹿地衣制成的可吸音装饰材料。

＊装饰材料界的新星＊

日常生活中常见的吸音材料大多数由多孔材料制成，比如常见的木质纤维板、玻璃棉、金属吸音材料和泡沫吸音材料等。孔隙能够使声波发生散射，改变传播方向，并且使声波与孔隙中的空气摩擦产生能量损耗，降低传播速度，减弱振幅，最终被吸收。

驯鹿地衣如同海绵一样的多孔性使其具备了被开发成吸音材料的潜质，并且具备不输合成材料的吸音效果。以Nordgröna 公司的一款名为"凸面"（Convex）的驯鹿地衣产品为例，其吸音平均值（SAA）和降噪系数（NRC）均达到了最高值 1.0。（SAA 和 NRC 的数值范围为 0.0~1.0，数值越大，意味着吸音效果越好。）

传统的多孔吸音材料往往只注重性能而忽略了外观的设计，通常被制成硬质的板材，给人的感觉往往显得冷硬，缺乏温馨和舒适感。而天然驯鹿地衣的自然纹理和颜色却能够为室内空间增添独特的装饰效果。当你轻轻触摸其表面，它那如云朵般的柔软度令人惊叹不已，仿佛可以感受到大自然的呼吸与律动。

一簇簇的驯鹿地衣就像一个个小的拼图模块，可以自由地组合成各种形状，为室内设计师和建筑师提供了丰富的创意和功能可能性。你可以将它平铺一整面墙，也可以零星点缀在天花板、角落缝隙，可以拼贴成简单的几何形状，也可以制成一个"毛茸茸"的地衣球，还可以发挥各种创意，将其拼成一幅画或是制作成一个仿真的免浇水盆栽。

新鲜的驯鹿地衣

制成吸音材料的驯鹿地衣

　　经过处理的驯鹿地衣材料也是绿植的完美替代品。通常，普通的植物需要花费时间和精力去修剪枝叶、按时浇水，一旦疏忽就可能导致植物失去活力。然而，经过处理的驯鹿地衣就像永生花一样，完全不需要任何维护，可以长期保持其美感。这种驯鹿地衣经常被用来与苔藓搭配创作，以模拟草地、灌木丛等自然景观。

像素画（Pixel Framed）系列

林地天花板（Glade Ceiling）系列

野生黄莓（Cloudberry）系列

空地天花板（Glade Ceiling）系列

* 环保理念贯穿始终 *

地衣的生长缓慢而又珍贵。即使在风和日丽的季节里，它们也大多仅以每年几毫米的速度缓慢生长。有时你见到的一株仅仅 10 厘米高的地衣，可能已经是百余岁的"老爷爷"了。因此，对于这种珍稀的自然宝藏，我们更要以敬畏之心，慎重对待。

Nordgröna 公司在生产驯鹿地衣材料的过程中，从采摘、干燥及运输、染色与保存，到手工组装、产品运送，直至送达与安装、回收，每一步都遵循着可持续发展的理念，让自然的馈赠得以延续。

01 → 采摘

驯鹿地衣主要分布在高山苔原地区，非常耐寒，在环极地北部地区自由且丰富地生长着。Nordgröna 公司使用的驯鹿地衣全部来自瑞典海里耶达伦（Härjedalen）和挪威伦达伦（Rendalen）地区。为了避免伤害，均采用手工采摘，并且按照特定的时间表，严格遵守环境可持续发展原则，以保护这一宝贵的资源。

采摘林地面积约 15 000 平方千米，每次采摘不超过 20%，并且 3 年内不会重复采摘相同区域，这给了驯鹿地衣休养生息的时间。他们会选择没有驯鹿出没的区域进行采摘，不会与驯鹿需要食用的部分产生冲突。

02 → 干燥及运输

地衣对环境的要求很高，离开栖息地后并不容易存活，所以需将鲜活的地衣制成永生花一般的质感之后，才可以再制成产品，运往世界各地。

收获新鲜的地衣后，先将其在室外干燥，然后放入干燥室约 12 小时。干燥过程完成后，地衣将通过无化石燃料驱动的整车运输至位于瑞典南部阿尔洛夫（Arlöv）的生产工厂，连工厂的设施也是由可再生电力供电的。

03 → 染色与保存

在阿尔洛夫的工厂里，该公司使用自己研发的由海盐、颜料和添加剂制成的水基混合物对干燥的驯鹿地衣进行染色和保存处理，再在干燥室中干燥，然后就可以用来制作产品了。

04 → 手工组装

由工作人员进行手工组装，并且会将驯鹿地衣原始的包装箱再利用，作为出厂包装的保护性填充材料。

05 → 产品运送

在将产品发往世界各地的过程中，不可避免地会有一些温室气体的排放。该公司会支付一定的气候补偿费用，向捕获温室气体的项目提供财政捐助。他们还会通过优化包装设计来减少与运输相关的化石燃料的消耗。

06 → 送达与安装

当产品被送到使用者所在地时，可以直接安装，并且无须维护。整个制作过程都经过了挥发性有机物排放测试（CDPH），这意味着它是完全无毒的，不会挥发出危害人体健康的有毒气体。

07 → 回收

驯鹿地衣材料具有良好的耐久性，当其废弃后还可以进行拆卸和分类处理，或者重新制作组合成新的图案。

随着环保理念越来越受到重视，驯鹿地衣制成的吸音材料已经进入世界各地的办公空间和生活空间。宝马、苹果、保时捷、微软、宜家等世界知名公司都纷纷将这种天然环保材料应用于办公空间的装饰布置之中。当你下次需要更换家里或者办公室的软装时，何不尝试一下这种环保、可持续的解决方案呢？

舌尖上的地衣
Lichens on the Tongue

第五章

Chapter 5

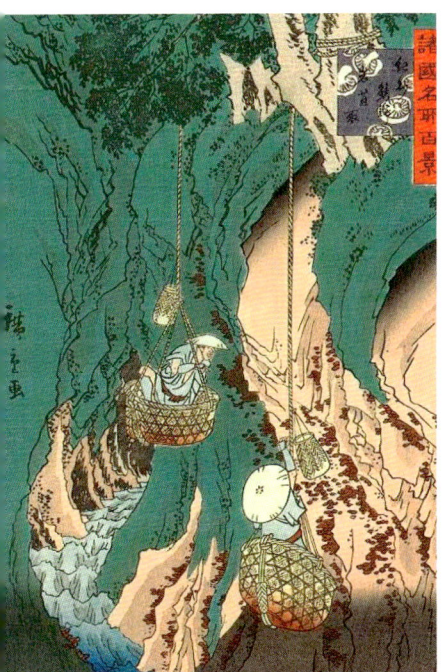

采集石耳地衣的浮世绘，1860

被制成多种美食的冰岛地衣

地衣在印度作为香料，迪帕丽·维尔玛

＊ 传统烹饪文化中的地衣 ＊

人类的好奇心，在探究某种东西能不能吃这件事上体现得淋漓尽致。即使地衣中有难以被消化的多糖和有轻微毒性的化合物，也阻止不了人类对其食用方法的开发探索。在世界多地的传统烹饪文化中，都能见到地衣的身影。

最知名的食用地衣当属庐山石耳（ *Umbilicaria esculenta* ）。这种特产于东亚的地衣富含多种维生素，因此人们在处理之后会进行食用或药用，且其食用历史悠久，在《吕氏春秋》及《本草纲目》中都有记载。

目前中国已知可药用、食用地衣已经多达 130 种。在我国物产丰富的云南地区，像青蛙皮一样的肺衣和像老人胡子一样的树花都被制成了美味的菜肴，这些菜肴甚至是一些地区传统婚宴上的必备凉菜。

在冰岛，频繁的火山喷发撕裂了大地，而冰岛地衣——岛衣（ *Cetraria islandica* ）就像一块块修复的膏药，覆盖在暴力留下的痕迹上。冰岛地衣可以制成面包、汤、沙拉，甚至是布丁，两桶地衣的营养被认为相当于一桶面粉，是困难时期的救星。1783 年，拉基火山喷发造成的酸雨和雾霾导致了冰岛及北半球大部分地区的饥荒，在挪威、芬兰、瑞典、德国、俄罗斯等国家，冰岛地衣都被作为饥荒食品来推广。

在印度、尼日尔以及中东地区，各种地衣被用作香料和增香剂。印度著名的玛莎拉调料便时常包含一种俗称黑石花，字名为珠光大叶梅（ *Parmotrema perlatum* ）

的地衣，其在被风干捣碎后为菜肴的芳香和味道增添了层次感。

在北欧地区的森林中，生长着成片的白色绒毯一般的驯鹿地衣，它原本是驯鹿最爱的雪季战略储备粮。驯鹿地衣中不饱和脂肪酸的含量非常高，驯鹿食用后可以提高御寒能力。当鹿群吃完它们发现的这一片地衣之后，会自发地去寻找下一片地衣。我国古老的使鹿部落鄂温克族，就是随着驯鹿形成了"逐草而居"的生活习惯。

在内蒙古根河的敖鲁古雅鄂温克民族乡，游客可以参与投喂驯鹿的活动，用于投喂的正是驯鹿喜欢的驯鹿地衣。

除驯鹿钟情于驯鹿地衣之外，饕口馋舌的人类当然也不会错过。但人类可没有驯鹿那么强大的胃，直接食用新鲜的驯鹿地衣可能会导致强烈的胃痛。

聪明的人类岂会这么轻易地放弃潜在的美食？为了使驯鹿地衣可食用，人们尝试了各种各样的方法，比如反复浸泡蒸煮、制作面包或是酿酒等。

在挪威有一个历史悠久的小镇叫作勒罗斯（Røros），在这里你可以品尝到驯鹿地衣的种种绝妙搭配。来上一大块厚实的驯鹿肉排，佐以一瓶以驯鹿地衣为原料制作的叫作"生命之水"（Aquavit）的烧酒，再来口用驯鹿地衣制作的面包，可以立即体验到极致的北欧风味。

到了晚上，你可以去寻找同在挪威境内的一家叫作"月光"（Himkok）的酿酒厂酒吧，这里是世界调酒师的朝圣地。酒吧里经验丰富且极富创意的调酒师将驯鹿地衣与糖、夏布利酒一起加热，煮成糖

正在食用驯鹿地衣的驯鹿

浆，再添加进甜菜根鸡尾酒之中，既增强了甜菜根的天然甜味，同时也为鸡尾酒增添了几分清爽，让你在微醺中品味挪威的风土文化。

但如果你是一个喜欢猎奇的黑暗美食家，则可以去北极看看。北极的原住民会在驯鹿吃了驯鹿地衣之后，将驯鹿杀死，再从驯鹿的胃中取出未消化完的驯鹿地衣，加入血液再发酵几天之后煮熟食用，并将其称为"胃冰淇淋"。或许这种吃法粗犷了些，但在蔬菜匮乏的北极，获取营养才是首要的。

据说驯鹿地衣的味道类似于蘑菇和泥土的味道。或许它没那么美味，但和驯鹿的选择理由一样，它的高营养成分正是其被纳入人类菜单的原因之一。

用驯鹿地衣制作的鸡尾酒

不为人知的食物

＊未来超市货架上的常客＊

追溯几个世纪，跨越不同文化，地衣在烹饪以及医学中发挥了多重作用。通过当下系统化的科学研究，地衣所展现出的极强耐受性使其极有可能成为未来的超级食物，应用范围甚至可能扩展到最具挑战性的环境，如火星。

那么，我们又将如何在未来食用这种历史悠久的食材呢？来自维也纳的设计师朱莉娅·施瓦茨（Julia Schwarz）给出了她的答案。

在她的研究生毕业设计项目"不为人知的食物"（Unseen Edibles）中，朱莉娅设想了一个以地衣为主要食物来源的社会，并通过虚构纪录片式的手法探索了地衣作为未来食品的可能性，还精心设计了围绕地衣的整个生态系统——从采集工具包到富有新意的包装。

朱莉娅·施瓦茨

56

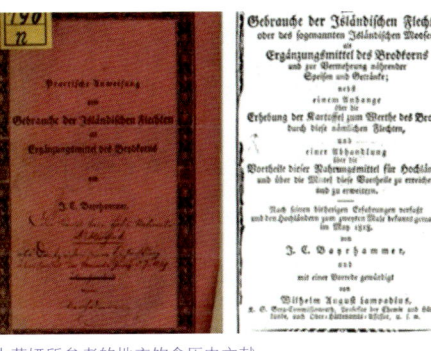

朱莉娅所参考的地衣饮食历史文献

在这个引人入胜的未来饮食构想中，地衣不仅仅是一种替代品，更是我们饮食中美味可口且可持续性极强的食材。

然而，在项目初始阶段，朱莉娅并没有将地衣列为探索对象。最初她考虑使用藻类，但由于奥地利的藻类相对匮乏，她不得不更改研究方向。

在这个探索性阶段，朱莉娅发现了地衣曾经在北欧和阿尔卑斯山地区被用作饥荒食物的历史记载，但在当代欧洲烹饪体系中，它仍然鲜为人知。这似乎是一个务实又引人入胜的食品设计途径，引发了她对地衣的初步兴趣。

地衣的饮食历史主要通过口耳相传，这使得查找书面记录非常具有挑战性。为此她进行了广泛的研究，并与地衣学家和专家合作，以深入了解地衣的性质和潜力。尽管欧洲地区关于地衣的信息稀缺，但专家的指导为她提供了宝贵的信息来源和知识。

朱莉娅的设计之旅遵循了一个严格的调查和推测性设计的过程。在拥有丰富的信息后，她积极展开了对将地衣作为食物来源替代方案的探索。

她与数学家和数据分析师紧密合作，并计算出一系列令人振奋的数据模型。鉴于地衣在全球范围的分布之广，团队经计算得出全球地衣总和在每人每天摄入 2 000 卡路里的前提下，足以支撑 90 亿人口生存长达 9 700 天。

除此以外，该团队还对未来人类地衣进食标准以及如何可持续性采集地衣做出了演算。考虑到地衣所富含的矿物质与维生素等营养价值，每人平均每周只需进食

100 克地衣便可维持身体营养所需。

团队随后在一家地衣覆盖繁盛的农场进行实地考察，并以此为基础建立了可持续性采集地衣的数据模型。

为达到可持续采集的目的，农场内每棵树每月可采集的地衣上限为 70 克。农场每月可从其 80 棵树上采集共计 1 300 克地衣，每年共采集 16 千克左右便可为一户四口之家提供充足的食物。

为了让公众快速意识到地衣作为食品以及营养价值来源的潜力，朱莉娅创新性地将地衣融入现代化食品，如黄油、意面、能量棒、玉米麦片、腌黄瓜，乃至盐与面粉中，并将其精心包装设计成超市货架上即可购得的商品。其目标便是在当下创造一种无缝的体验，让融入了地衣的食品能够顺应超市货架的要求并准备好供消费者选购。

朱莉娅会在超市货架旁观察记录消费者对地衣口味食品的感兴趣程度。她从各种人群中收集了地衣风味特点的反馈意见。地衣食品被形容为带有浓烈的大地气息与森林气息，同时略带一些藻类气息和海洋气息。一些参与者甚至将其口感比作眼泪，而其他人则将它的口感与舔舐石头或尝到阳光相提并论。

整个项目的过程是艺术和科学的迷人结合，并且远远超出了朱莉娅对该项目的预期。最初只是探索未来食品解决方案的项目，如今已经发展成了一个实实在在可商业化的项目，同时引起了公众的浓厚兴趣。人们不仅对"不为人知的食物"感到好奇，还表达了希望立刻品尝它的愿望。

地衣采集工具套装

"不为人知的食物"系列地衣风味食品

* 地衣美味的持续探索 *

"不为人知的食物"标志着朱莉娅非凡地衣旅程的开始，其中包括遍布全球各地的展览与讲座，并与来自不同背景的人们展开合作。

朱莉娅联合搭档莉丝·彭克（Lisi Penker）共同创立了以地衣为灵感的食品设计品牌"西米娅"（Simiæn），并以跨学科的方式重新构想人们与食物的关系。

该品牌最初的产品包括以地衣为基础的茶饮——"海特塔尔"（Hinterthal），着重关注香气和味道。虽然地衣具有巨大的健康益处潜力，但品牌的即时目标是通过这种常被忽视的有机物质的独特风味来引发人们味蕾的喜爱。

"Simiæn"首款产品：地衣茶

与此同时，受"不为人知的食物"项目中受访者认为地衣的味道像舔舐石头一样的启发，朱莉娅为品牌推出的地衣茶设计了一套石头制成的茶具，并将其取名为"舔舐石头"（Licking Rocks），其石料均取自曾被地衣覆盖的山中。

朱莉娅的品牌仍在积极探索地衣食品的可能性，其团队目前正在研制一种融合地衣风味的酒精饮品。

通过持续性突破传统食品设计的界限，朱莉娅不但促使人们看到地衣作为未来食品来源的潜力，还为人们带来了一场重构食物美学与哲学的探索，它将人们的味蕾引向未知的风味，也唤起了人们对地衣及其他神奇生物的兴趣。

在全球人口不断增长、气候问题逐渐严峻的时代，我们需要重新思考我们的饮食选择，以创造更加可持续、美味的食品体验。在未来，我们将接触到更多新颖的

"舔舐石头"系列茶具

食材，并品味到更多以前未曾尝试的味道，同时也将重新思考与自然界的共生关系，为更可持续食材的未来奠定基础。

朱莉娅·施瓦茨与莉丝·彭克

化学课上没讲过的故事
Untold Stories from Chemistry Class

第六章
Chapter 6

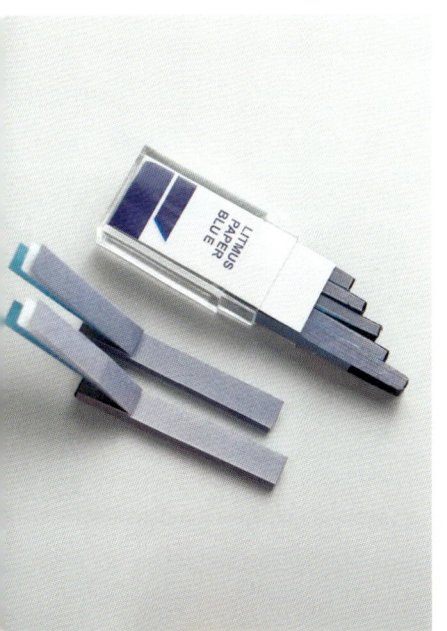

石蕊试纸

伯特·波义耳

"遇酸变红，遇碱变蓝。"这是一句几乎每一个理科生都熟记于心的化学顺口溜，指的是石蕊试纸的特性。石蕊试纸能够用于检测酸碱性，蓝色的石蕊试纸遇到酸性物质就会变成红色，红色的石蕊试纸遇到碱性物质则会变成蓝色。

但你是否曾经有过疑问：它为什么叫作"石蕊试纸"呢？"石蕊"又是什么？它为什么会变色？

* 浪漫的意外 *

在 17 世纪的某年夏天，英国著名化学家罗伯特·波义耳（Robert Boyle）的实验室里放着几朵因思念去世的女友而随身携带的紫罗兰。

但是意外却发生了。因操作不当，一滴浓盐酸溅到了紫罗兰上。波义耳发现，这朵花奇迹般地由紫色变成了红色，这奇怪的现象勾起了他的探索欲，于是他进行了一系列花草与酸碱相互作用的实验。

由此波义耳发现，大部分的花草遇到酸碱都会变色，其中又属从某种石蕊地衣中提取的紫色溶液变色最为明显，且遇酸变红，遇碱变蓝。波义耳利用这种特性，用石蕊提取液浸湿纸张，将其烤干之后就制成了石蕊试纸。人们将提取到的这种会导致颜色变化的物质也命名为"石蕊"。

于是，"石蕊"一词便有了双重含义。在生物学层面，它是一类石蕊科地衣的名称；在化学层面，它指的则是一种从地衣中提取的混合物。

生物学里的石蕊：石蕊科（Cladon-iaceae）地衣

生物学中，物种以界、门、纲、目、科、属、种这几个层级来分类。石蕊就是地衣大家庭中的一员，指的是石蕊科地衣。

有的石蕊科地衣呈直立丛生分枝状，顶端有一个个形似果实的子囊盘，比如顶端是鲜红色的红头石蕊（Cladonia floerkeana）和顶端是黑色的大柱衣（Pilophorus acicularis），这两种石蕊科地衣也因其十分像立在地上的一根根火柴，被形象地称为"魔鬼的火柴"。

有些石蕊形似一丛丛迷你灌木，比如前文中提到的可以制作吸音材料的驯鹿地衣，地衣体上的一个个小分叉是不是很像驯鹿的鹿角呢？

石蕊家族还有一些成员的长相颇为奇特，整体呈圆柱状，顶端却膨大为喇叭状，像是精灵森林里的神奇植物，比如喇叭石蕊（Cladonia pyxidata）。这种喇叭石蕊便可以用于制作石蕊试剂。

但后来人们发现，其实不只石蕊科的地衣，其他家族的地衣，比如染料衣科的莽氏染料衣（Roccella montagnei）和Dendrographa leucophaea（暂无中文学名）等，都可以制作石蕊试剂，只不过这份功劳都被归到了石蕊家族，这种会变色的物质被统称为石蕊。

红头石蕊

大柱衣

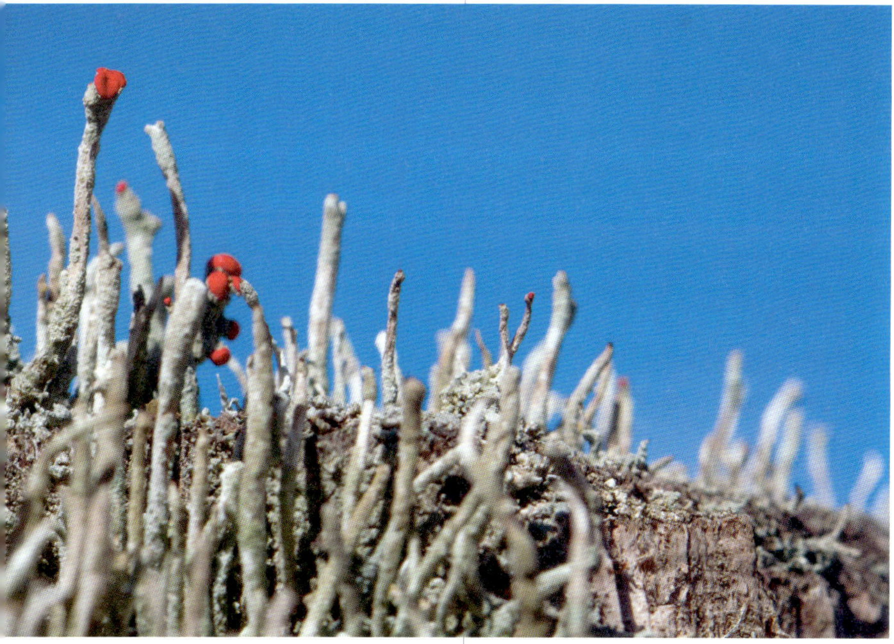

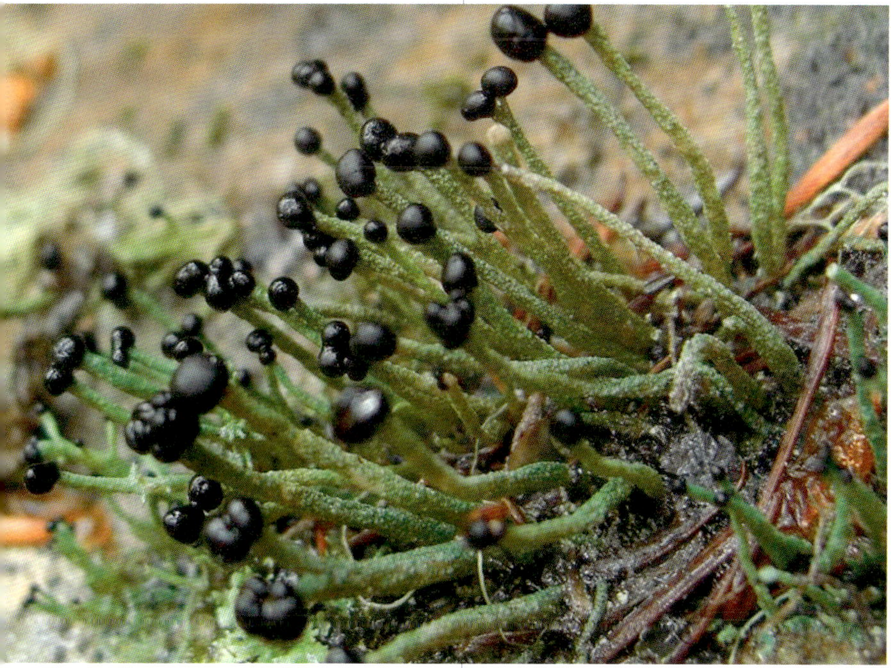

驯鹿地衣

喇叭石蕊

酸性

红色

中性

紫色

碱性

蓝色

羟基吩噁嗪酮结构变化示意图

在化学中，石蕊是一种化学物质，是从地衣中提取的不同染料的水溶性混合物，英文叫作"litmus"。这个单词源自古挪威语"litmose"，"lit"是染料，"mose"是苔藓，结合起来的字面意思就是"用于染色的苔藓"，可以看出古挪威人大概是把石蕊地衣误认为一种苔藓了。

石蕊中的一种名为 7- 羟基吩噁嗪酮（7-hydroxyphenoxazone）的化学物质，化学式为 $C_{12}H_7NO_3$，是石蕊试纸能够检测酸碱度的关键物质之一。

当 $C_{12}H_7NO_3$ 遇到酸性溶液时，溶液中的氢离子（H^+）会键结到环状结构的氮（N）上面，造成结构改变；而当 $C_{12}H_7NO_3$ 遇到碱性溶液时，羟基上的氢则会被溶液中的氢氧根（OH^-）抢走，造成结构改变。而不同结构的化学物质会吸收、反射不同波长的光，因此看起来颜色就会不同。

酸碱溶液改变了试纸中 $C_{12}H_7NO_3$ 的结构，使其吸收、反射的光的波长发生改变，呈现出不同的颜色。这就是石蕊试纸变色的原理。

至此，我们了解了石蕊试纸浪漫的诞生历程，也探索了石蕊家族的多样风貌，更理解了石蕊试剂的化学原理。化学实验中最常见的石蕊试纸竟有如此姿态可爱、丰富多样的前身。曾经在化学课堂上死记硬背的知识点，是否变得生动起来了？

地衣与未来
Lichens and the Future

第七章

Chapter 7

即使地衣很少担当主角，但它却是自然界演进发展脉络中的一个重要伏笔。科学家无止境的思考与探索揭示了地衣独树一帜的结构与共生关系；对地衣奇特存在的认知，又激发了无数艺术家与设计师的创造力。

如今，随着对地衣的继续深入研究，人们又逐步发现了地衣在生态、医药科技，甚至未来家园创造等方面的应用潜力。在未来，地衣有望成为人类与自然和谐共生的关键因素。

* 监测污染的哨兵 *

地衣不像动物那样有皮毛保护，不像植物那样有根、茎、叶的分化，仅有的只是菌丝体形成的假皮层。也就是说它们其实是直接暴露在生长环境中，在从周围吸收水分和空气时，其中所含的污染物便也一同附着在了地衣上，因此地衣对不同程度的空气污染物的反应非常敏感。

芬兰地衣学家威廉·尼兰德（Wilhelm Nylander）敏锐地察觉到了工业化导致的空气污染与城市中地衣消失之间的关联。由于煤炭开始代替木材用于燃烧取暖，空气中增加了大量的二氧化硫污染物，1866—1896 年，巴黎卢森堡公园原有的多种地衣逐年消减直至完全消失，于是他首次提出了地衣可被视为空气质量的生物指示器。

20 世纪 70 年代，一些学者如英国真菌和地衣学家大卫·莱斯利·霍克斯沃斯（David Leslie Hawksworth）、英国野外植物学家和自然保护主义者弗朗西斯·罗斯（Francis Rose）和法国地衣学家范·哈鲁温（Van Haluwyn）等人开始注意到，空气污染对一些地衣群落有明显的影响，污染越严重，地衣群落的丰富度越低。范·哈鲁温等人据此开发了将地衣群落调查作为空气质量量度的方法。

除了监测空气质量，一部分地衣也可以用于监测金属微量元素甚至是放射性元素的积累。

1986 年 4 月 26 日，切尔诺贝利核电站爆炸事件之后，大量放射性粒子被释放到大气中。放射性尘埃迅速蔓延到苏联西部和欧洲，其中包括位于芬兰北部的拉普兰，萨米人在这里生活了数千年。

萨米人和鄂温克人一样，也是世界上少数的使鹿部落之一。他们和驯鹿互相依存，驯养驯鹿的同时也食用鹿肉，而驯鹿恰好以驯鹿地衣为食，于是一条食物链便形成了。因核电站爆炸而泄漏的大量放射性元素就很有可能顺着这条食物链，先在驯鹿地衣中累积，接着被驯鹿食用，最后危害到萨米人的身体健康。

因此当时的研究人员通过检测该地区的驯鹿地衣中的放射性铯浓度，来判断这片地区的鹿肉是否可以交付食用。即便到了 20 世纪 90 年代末，在该地区的地衣中仍然能检测到较强的放射性。

这十分引人深思，人类对自然做的恶终究会通过各种方式反噬到自己身上。或许，通过了解地衣，我们可以学会如何更好地与自然共生。

* 生态复原的先驱 *

地衣从来不喜争抢，许多年前，它独自来到一片荒芜的大陆，度过了很长一段孤独的时间，将贫瘠的岩石开垦成了土壤，于是那些能够快速生长的苔藓、杂草、灌木、乔木便纷纷前来抢占地盘，地衣在这种竞争中显然是处于极度劣势地位的。

但是在条件恶劣、不适合植物生长的地区，地衣反而如鱼得水，无论是干旱、极寒、高海拔或是被污染过的地区，地衣都能够慢悠悠地在其中生长，并悄然改变着周围的环境。正因如此，地衣是非常适用于"生态复原"的物种。

比如火山喷发出的熔岩很快就会被地衣占领。在沙漠地区，地衣形成的一层"生物结皮"在保护土壤、防止水土流失和荒漠化等方面起到重要的作用。

此外，地衣也是固碳小能手，据估计，它们固定了约 7% 的二氧化碳，与每年燃烧化石燃料排放的二氧化碳量相当。

地衣是真正的荒野开拓者，它们在极限条件下定居生长，改变着周围的环境，给无数其他物种提供生存的先决条件——土地，随后又在植被演替的过程中默默退场，在另一片荒野继续着它的使命。

火山石上的红色地衣

萨米人与驯鹿

当作草药的冰岛地衣

* 医药界的潜力股 *

　　地衣被用作药物的历史十分悠久，早在唐代中医药名著《本草拾遗》中就有记载："石蕊，生太山石上，如花蕊。为丸、散服之。"这里提到的"石蕊"即是驯鹿地衣的枝状体。西方的药典之中最常用到的地衣则是冰岛地衣，其含有的地衣酸具有抑菌和刺激肠道蠕动的作用，它还曾经被制成缓解喉咙痛的糖果出售，也可以制成糖浆来止咳。

随着医学技术的发展，科学家也逐步发现，地衣产生的各种次级代谢物质具有显著的生物和药理作用，比如消炎、抗菌、镇痛、解热等。这些化合物在临床研究中也被证明了具有抗肿瘤活性，对癌细胞有显著的抑制作用。在不久的将来，也许我们能够依靠地衣不再谈癌色变。

✳ 未来移居火星的先锋生物 ✳

地球的污染逐渐加重，资源逐渐枯竭，人类在不断试图补救的同时，也没有放弃向外太空寻找新的出路。

但是外星条件自然没有地球这般适宜人类生存，太空中还存在着大量的辐射，因此，在走向太空之前，派一些"先锋军"去探探路是十分必要的。

地衣正是太空"先锋军"中的佼佼者。2005 年，欧洲航天局将地图衣（ *Rhizocarpon geographicum* ）和丽石黄衣（ *Xanthoria elegans* ）送上了太空，15 天之后，这些地衣被回收观察。科学家惊奇地发现，仅在 24 小时内它们便恢复了活性。

在 2007 年进行的一项实验当中，欧洲航天局将地图衣、丽石黄衣和平茶渍属的一种地衣（ *Aspicilia fruticulosa* ）这 3 种地衣，还有蓝藻和细菌的石内、石外群落及其天然岩石基质，暴露在太空中 10 天，结果表明 3 种地衣都对外太空条件具有很强的抵抗力，相比之下，居住在岩石中的细菌却因同样的暴露条件而受到了严重损害。

2014 年，欧洲航天局再次把丽石黄衣送进了国际空间站。这次的"旅行"延

丽石黄衣

地图衣

平茶渍属地衣

长到了 18 个月，地衣成为首个进行长期宇宙环境暴露实验的真核生物。它返回地球时，居然依旧存活着。

　　地衣为众多生物开拓了原始的土地，将来很有可能去到外星，再次开拓出一片新的天地。

在未来到来之前
Before the Future Arrives

结语
Conclusion

美国微生物学家玛葛莉丝（L. Margulis）认为，大自然的本性就厌恶任何生物独占世界的现象，所以地球上绝对不会有单独存在的生物。地衣可以说是共生关系的典范，两种截然不同的共生伙伴，真菌和藻类或蓝细菌等光合生物，聚集在一起时，却能够产生一些原本的单独个体所不具备的特征。

地衣，这种看似微不足道却异常坚韧的生命体，拥有着一种神秘而强大的力量。它能在最极端的自然环境条件下生存，如高山之巅、冰冻之原，甚至是荒芜的沙漠。它的生命力之强大，甚至可以抵御太空的辐射。

然而，地衣又是如此的弱小，它的存在非常脆弱。在人类活动的巨大影响下，尤其是在工业污染的侵蚀下，地衣正逐渐消失，在许多城市中，我们已很难再见到它们的身影。它们被钢筋混凝土的丛林所替代，被人类的繁华所掩盖。

时至今日，全球还有万余种地衣没有确定的名字，也许有一些地衣在我们认识了解它之前，就已经从这颗星球上永远消失了。

在自然界中，地衣好像从不是关键、主角般的存在。但就像一台机器上的指示灯，存在与否虽然不影响机器的正常运转，但是可以通过指示灯的明灭来判断这台机器的运转状况。

地衣学家特雷弗·高沃德（Trevor Goward）在他关于地衣的解读中提及：“地衣就是我们生存的地方。”由于地衣的身体从周围的空气、水分、阳光中获取营养，因此它对环境非常敏感，每个地方的地衣种类和数量都反映了该地的条件。人类的身体也并非想象中的那般特别，我们同样是由呼吸到的空气、喝的水、吃的食物所塑造的。关心地衣，关心周围与我们相联系的空间，就是在关心我们自己。

图书在版编目（CIP）数据

地衣：永恒的大地艺术 / 蔡潇，崔琳著 .—长沙：湖南科学技术
出版社，2025.8.—（方物）.—ISBN 978-7-5710-3411-5

Ⅰ . Q949.34；J06

中国国家版本馆 CIP 数据核字第 2025R57W76 号

DIYI: YONGHENG DE DADI YISHU
地衣：永恒的大地艺术

著者
蔡潇　崔琳

资料统筹
刘宁宁

出版人
潘晓山

策划编辑
孙桂均　吴诗

责任编辑
吴诗

责任营销
周洋

出版发行
湖南科学技术出版社

社址
长沙市芙蓉中路 416 号泊富国际金
融中心 40 楼
http://www.hnstp.com
湖南科学技术出版社

天猫旗舰店网址
http://hnkjcbs.tmall.com

（印装质量问题请直接与本厂联系）

印刷
长沙玛雅印务有限公司

厂址
长沙市雨花区环保中路 188 号
国际企业中心 1 栋 C 座 204

邮编
410000

版次
2025 年 8 月第 1 版

印次
2025 年 8 月第 1 次印刷

开本
880 mm×1230 mm　1/32

印张
2.75

字数
100 千字

书号
ISBN 978-7-5710-3411-5

定价
40.00 元